SCHRADER-TYPEN-CHRONIK

Die Motorroller der Wirtschaftswunderzeit

Die Motorroller der Wirtschaftswunderzeit

1948–1964

Bella

SCHRADER-TYPEN-CHRONIK

Die Motorroller der Wirtschaftswunderzeit

1948–1964

Die Motorroller der Wirtschaftswunderzeit

Eine Dokumentation von Frank Rönicke

Motor buch Verlag

Einbandgestaltung: Dos Luis Santos

Titelbild: Archiv Frank Rönicke

Bildnachweis: Archiv Siegfried Rauch, Archiv Frank Rönicke, Jürgen Kühn (Wittenberg), Michael Zimmermann (Bautzen), Motorradmuseum Augustusburg, Motorradmuseum Suhl.
Für die Unterstützung bei der Textgestaltung bedanke ich mich bei Michaela Hesslinger, Igersheim.

Eine Haftung des Autors oder des Verlages und seiner Beauftragten für Personen-, Sach- und Vermögensschäden ist ausgeschlossen.

ISBN: 978-3-613-03193-7

1. Auflage 2010

Sie finden uns im Internet unter www.motorbuch-verlag.de

Lektor: Martin Gollnick
Innengestaltung: Anita Ament
Repro: digi bild reinhardt, 73037 Göppingen
Druck und Bindung: Fortuna Print Export, 85101 Bratislava
Printed in Slowak Republic

Inhaltsverzeichnis

Vorwort

Die Vespa 98 des italienischen Herstellers Piaggio begann 1946, die Zweiradwelt nachhaltig zu verändern. Dieser – man möchte beinahe sagen – klassischste aller Motorroller wurde rund um den Erdball bis heute zum Vorbild des Motorrollers schlechthin, und nicht nur in Deutschland versuchten sich Dutzende Hersteller daran, ihn zu kopieren, zu imitieren, zu variieren oder am besten gleich daran, ihn in Lizenz nachzubauen. Allein in Deutschland waren es um 1949 herum schon gut ein Dutzend Hersteller, die der Öffentlichkeit in der Regel leichte und preiswerte Modelle vorstellten. Wer durchhielt, wurde oft schon nach kurzer Zeit mit steigenden Absatzzahlen belohnt. Bis Mitte der fünfziger Jahre waren auch die meisten der namhaften deutschen Motorrad-Hersteller auf diesen Zug aufgesprungen, der aber bald schon wieder an Fahrt verlieren sollte. 1950 wurden in Deutschland über 9000 Motorroller gebaut, 1952 waren es gut 39.000 und 1954 – auf dem Höhepunkt der deutschen Motorrollerproduktion – exakt 121.245 Stück. Danach ging es, wie ja mit dem deutschen Motorradbau insgesamt, wieder bergab.

Dass bis in die sechziger Jahre hinein Motorroller verkauft werden konnten, lag nicht unwesentlich daran, dass die Frauen diese Fahrzeuge sehr früh für sich entdeckt hatten. Durch die an Männern arme Nachkriegszeit und das Wirtschaftswunder stark in den deutschen Arbeitsmarkt integriert, mussten Frauen ebenso wie ihre männlichen Kollegen die Fahrten zum Arbeitsplatz organisieren und womöglich zusätzlich noch die Kinder zur Schule bringen und den Einkauf erledigen. Der Motorroller war dafür, solange man sich noch kein Auto leisten konnte, geradezu ideal geeignet. Sehr schnell hatten das auch die Marketingstrategen erkannt, was dazu führte, dass in der Rollerwerbung hübsche junge Frauen und makellos aufpolierte Scooter nicht mehr voneinander zu trennen waren.

Das war übrigens in der DDR nicht anders, nur dass der Beginn der serienmäßigen Rollerfertigung dort um einige Jahre später einsetzte. Das »kleine Wirtschaftswunder«, welches man durchaus für die DDR der damaligen Zeit konstatieren kann, verlief dort allerdings in Plan-gelenkten Bahnen.

1

EINFÜHRUNG

Der Berliner Ernst Eichler war wesentlich an der Konstruktion der DKW-Rollervorläufer Golem und Lomos beteiligt und trug seine Begeisterung für die »Sesselräder« gerne zur Schau.

Wenngleich dem ersten Serienmotorrad der Welt, dem aus München stammenden Hildebrandt & Wolfmüller von 1894, aus heutiger Sicht durchaus eine gewisse Rollerähnlichkeit bescheinigt werden könnte, so bildete doch keineswegs das Motorrad an sich die Basis für die ersten Entwicklungsstufen von Motorrollern. Diese Basis war vielmehr der schon lange vor dem ersten Weltkrieg bei Kindern so beliebte Tretroller, der in seiner einfachsten Form aus zwei Brettern bestand, von denen das vordere, senkrecht stehende lenkbar war, und zwei oder drei Rädern mit Vollgummireifen auf Stahlfelgen. Die simple Konstruktion, die durchaus als eine Ableitung des Laufrades von Drais gelten kann, erfuhr im Laufe der Zeit zwar Weiterentwicklungen, blieb aber für Kinder auch in der einfachen Ausführung jahrzehntelang attraktiv. »Schnellläufer« war in den frühen Jahren der deutsche Begriff für dieses Spielzeug; »Scooter« nannten es die Engländer – eine Bezeichnung, die bis heute für alle Motorroller Bestand hat.

Nun lag es durchaus nahe, diese Art Roller mit einem benzinbetriebenen Antriebsaggregat zu versehen, um sich schneller und kraftsparender damit fortbewegen zu können. Um 1915 herum sind die ersten Roller-Konstruktionen mit den Bezeichnungen »Metropol« und »Autoped« in den USA in einer Serienproduktion hergestellt worden. Letztere entstand dann auch ab 1919 in Lizenz als erster deutscher Motorroller bei Krupp in Essen. Inzwischen mit einem Sitz vor dem Hinterrad versehen, wurde dieser Roller von einem kleinen Viertaktmotor angetrieben, der links über dem Vorderrad saß und dessen Kurbelwelle direkt als Radnabe diente.

In raschen Entwicklungsschritten entstanden diese »Plattformroller« ab 1920 auch in Europa. Besonders die Engländer taten sich mit einer Reihe von unterschiedlichen Konstruktionen hervor, wobei der Motor mal über dem Hinterrad und mal über dem Vorderrad, manchmal aber

Das Laufrad von Drais, hier ein Modell von zirka 1930, ist mit dem Tretroller verwandt und deshalb indirekt auch ein Motorroller-Vorläufer.

auch dazwischen angebracht war. Der ab 1920 im sächsischen Niedersedlitz gebaute »Postler« entsprach letzterer Ausführung, während bei einem anderen deutschen Plattformroller, dem »Stadtdiener«, der Motor über dem Hinterrad saß. Die Bezeichnung des Letztgenannten wies auf den Verwendungszweck dieser Roller hin: Botenfahrten auf kurzen, gut ausgebauten Wegen innerhalb der Städte; außerhalb und auf holprigem Untergrund stießen die primitiven Fahrwerke dagegen schnell an ihre Grenzen. Schon zu Beginn der zwanziger Jahre verschwanden diese Roller vom Markt, um etwa 15 Jahre später, in modernerer Form und schon den Motorrollern der fünfziger Jahre ähnlich, wieder aufzutauchen.

Zwischenzeitlich hatten andere motorisierte Zweiräder, die man auf jeden Fall auch als Rollervorläufer betrachten muss, von sich reden gemacht, und zwar die sogenannten »Sesselräder«, deren bekanntester deutscher Vertreter das DKW-Modell »Lomos« war. Der Lomos, den man heute zu den echten Rollervorläufern zählen muss, konnte in allen Belangen überzeugen. Aber die fortschrittliche Konstruktion mit dem vor dem Hinterrad sitzenden Motor, der schon eine stufenlose Riemenübersetzung zum Hinterrad (»Lomos-Kupplung«) aufwies, war ihrer Zeit voraus und wurde vom Publikum nicht angenommen. Mitte der zwanziger Jahre war auch die Ära der Sesselräder schon wieder vorbei. Ebenso im Sande verlief der Versuch, Teile dieser Entwicklungen und Konstruktionsdetails aus dem »normalen« Motorradbau miteinander zu verbinden und das Ganze üppig zu verkleiden, obwohl Schmutz-, Spritz- und Wetterschutz für Motorradfahrer immer schon interessante Themen waren und für den klassischen Motorroller zu den wichtigsten Kriterien überhaupt zählten.

Erst in der zweiten Hälfte der dreißiger Jahre machten sich Berufene wie Unberufene wieder daran, über bequeme, reich verkleidete und darum schmutz- und wettergeschützte Motorräder nachzudenken. Die Zeitschrift *Das Motorrad* schrieb in ihrer Ausgabe 46 von 1938: »Das Loch im Fabrikationsprogramm liegt an ganz anderer Stelle ...« und meinte damit ein bequemes, vor Schmutz und Nässe schützendes Alltagsmotorrad. In einigen Skizzen stellte der Autor dar, wie er sich solch ein Fahrzeug vorstellen könnte, und war damit schon ganz nah dran an dem, was dann gut ein Jahrzehnt später als Motorroller oder Scooter von Dutzenden Firmen produziert werden sollte.

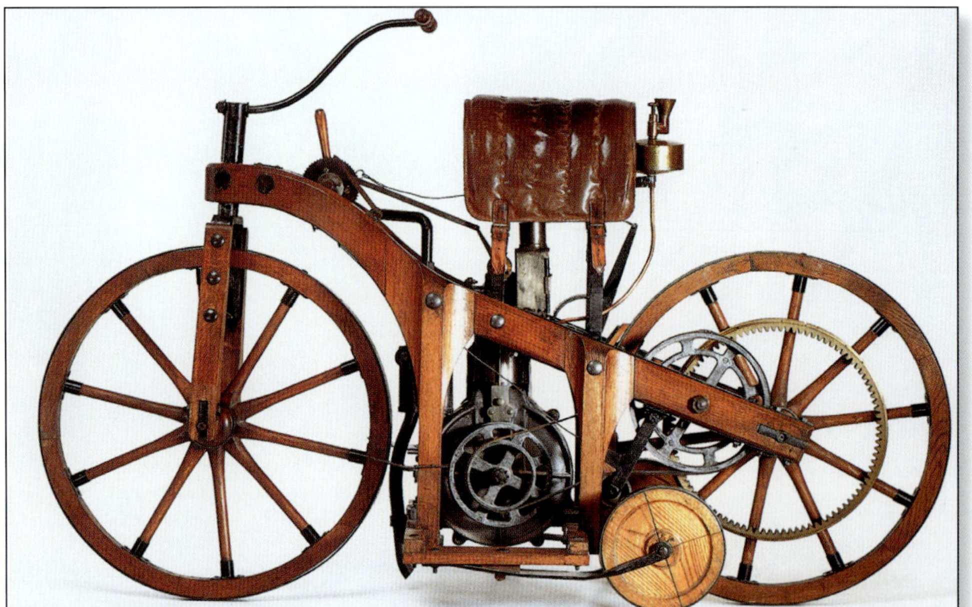

Auch der Daimler Petroleum-Reitwagen von 1885 war nicht nur Motorradvorläufer, sondern trug auch schon Züge späterer Motorroller in sich.

Die Hildebrandt & Wolfmüller von 1894 gilt als erstes in Serie gebautes Motorrad der Welt. Obwohl es aus heutiger Sicht rollerähnliche Ansätze zeigt, wird es nicht mit dieser Entwicklung in Verbindung gebracht.

Als Ausgangspunkt für die Motorroller-Entwicklung gilt unter anderem der einfache Kinder-Roller aus Holz, der sich über Jahrzehnte hinweg großer Beliebtheit erfreute.

Der Krupp-Roller von 1919/20 war ein amerikanischer Lizenz-Nachbau und der erste serienmäßig hergestellte Roller in Deutschland. Einer von wenigen noch erhalten gebliebenen Krupp-Motorrollern steht im Deutschen Museum in München.

Der Golem-Roller von DKW in der Ausführung von 1922, der im Motorradmuseum auf der Augustusburg besichtigt werden kann.

Dieses Megola-Tourenmodell von 1922 kann im Motorradmuseum Augustusburg bewundert werden.

Ein früher DKW-Lomos-Roller mit Stahlrohrrahmen aus dem Jahre 1922.

Dieses Lomos-Modell mit Kastenrahmen und größerem Motor stammt aus dem Jahr 1923.

Das Oruk-Modell von 1923 fuhr mit einem kleinen, knapp 200 ccm messenden Viertaktmotor, der das 50 kg schwere Gefährt bis auf 45 km/h beschleunigen konnte.

Die Werbung für den Postler-Motorläufer aus dem sächsischen Niedersedlitz erinnert daran, dass einst alles mit dem Laufrad von Drais begann.

Das PER-Motorrad kann in seiner gesamten Erscheinung als wirklicher Vorläufer des späteren, klassischen Motorrollers betrachtet werden. Der PER-Zweitakter leistete sechs bis sieben PS.

Der Tautz-Kraftläufer von 1922. Auch für den Tautz waren die Frauen eine wichtige Zielgruppe und wurden entsprechend gern für die Werbung eingesetzt. Das war also nicht erst eine Erfindung der fünfziger Jahre.

2

DAS WUNDER BEGINNT – DIE JAHRE BIS 1953

Vom Troll aus Lamspringe gab es um 1950 herum die Modelle 100 E/ 120 E mit Ilo-Motor und Acht-Zoll-Rädern und 60 E mit großer 20er Bereifung. Einem größeren Publikum erschlossen sich die Troll-Fahrzeuge erst in der dreirädrigen Ausführung für den Lasten- oder Personentransport.

Ende der vierziger Jahre des 20. Jahrhunderts begannen die italienischen Motorroller Vespa und Lambretta einen ungeahnten Siegeszug, der weit über die südeuropäischen Grenzen hinausführte. Während die etablierten deutschen Motorrad-Hersteller die Hysterie zunächst einmal abwarteten, um nicht etwa mit eigenen teuren Konstruktionen einem möglicherweise nur kurzzeitigen Modetrend zum Opfer zu fallen, fühlten sich viele selbst ernannte Rollerbauer dazu berufen, sich ab etwa 1948 mit zum Teil haarsträubenden Konstruktionen auf den Markt zu wagen. Entgegen den italienischen Originalen waren die frühen deutschen Roller meistens sehr einfach gestrickt, mit den zur Verfügung stehenden Einbaumotoren bestückt und entsprechend preiswert. Einige der hier auch im Bild vorgestellten Modelle sind – wenn überhaupt – nur in wenigen Exemplaren entstanden, andere konnten sich in bescheidenen Kleinserien einige Zeit auf dem Markt behaupten. Spätestens jedoch, als die arrivierten Firmen ihre Roller-Modelle auf den Markt brachten, war die Zeit der Exoten weitestgehend abgelaufen.

Fein heraus war die Firma Hoffmann in Lintorf, die ab 1949/50 die Lizenz zum Vespa-Bau und damit quasi zum Gelddrucken hatte – mit Letzterem aber nicht recht umgehen konnte. Bis 1955 waren immerhin zirka 44.000 deutsche Wespen bei Hoffmann entstanden.

Nur etwa ein halbes Jahr nach der Firma Hoffmann hatte auch NSU in Neckarsulm im November 1950 die Lizenzproduktion eines italienischen Rollers begonnen, in diesem Fall nun die der »Lambretta« des Mailänder Großunternehmens Innocenti. Wie bei der Vespa handelte es sich auch bei der Lambretta um einen 125-ccm-Roller. NSU wurde schnell zum Marktführer in Sachen Motorroller in Deutschland und 1955 noch einmal zum größten Motorrad-Hersteller der Welt.

Bis dahin hatten auch andere große deutsche Motorrad-Hersteller an der Fertigung von Motorrollern Gefallen gefunden. Allerdings begann der Rollerstern ab der

Wer will noch mal, wer hat noch nicht? Auf der Rollerbahn des Berliner Schaustellers Arthur Franke konnte man auf einem Lutz-Roller seine Runden drehen. In der Tradition der einfachen Plattform-Roller war der kleine Lutz für das Jahr 1949 zweifellos die richtige Wahl.

zweiten Hälfte der fünfziger Jahre schon wieder zu sinken.
Bastert zeigte zur IFMA 1951 unter der Bezeichnung »Einspur-Auto« einen großen Tourenroller, der für einiges Aufsehen sorgte. Doch zusammen mit den ausufernden Entwicklungs- und den hohen Fertigungskosten schrieb die Rollerfertigung konstant rote Zahlen. Daran änderte auch der stolze Preis von 1960,- DM nichts, da sich den zu dieser Zeit teuersten deutschen Roller nur die Wenigsten leisten konnten. Angetrieben wurden die erst 1952 in Serie produzierten Roller vom Ilo-Einbaumotor M 175 V, der mit Gebläsekühlung 7,6 PS mobilisierte, was wiederum für eine Spitzengeschwindigkeit von 80 km/h ausreichte. Das Bastert-Einspurauto war ein Luxus-Roller, wie es in den fünfziger Jahren nur ganz wenige gab; und mit einer Gesamtlänge von 2,25 m (Radstand 1410 mm) und einer Breite von 63 cm ein imposanter noch dazu.
Ganz anders der Cityfix der Firma Gottfried Delius Kleinkraftfahrzeugbau aus Osnabrück. Neben kleinen 50-ccm-Rollern, von denen in einem späteren Kapitel die Rede sein wird, versuchte es Delius dann noch mit einem größeren Modell mit 98-ccm-Motor von Fichtel & Sachs. Damit war der Cityfix MR 100 bis zu 60 km/h schnell. 755 Mark kostete der große Roller, der

Von 1951 stammt diese frühe Werbung für das Bastert Einspur-Auto, auf der noch ein Prototyp dargestellt ist.

Der Mofa-Roller »Mota-Wiesel« war um 1950 herum eines der bekanntesten Fahrzeuge dieser Art in Deutschland. Er nahm Konstruktions-Details späterer Moped-Roller vorweg.

nur wenige Käufer fand und eher eine Randfigur im deutschen Rollerbau blieb. Wieder ein anderes Kaliber waren die Goggo-Roller der Dingolfinger Firma Glas. Im Stile klassischer Großroller gehörten die Goggos zum Besten, was es in Deutschland an Rollern zu kaufen gab. Beginnend mit einem 118-ccm-Motor 1951 wurde die Palette bis 1952 um die Hubraumklassen 125, 150 und 200 ccm erweitert. Alle Einbaumotoren kamen von Ilo aus Pinneberg. Äußerlich unterschieden sich die Roller kaum voneinander.

Das war bei den von Gustav Kroboth seit 1950 gebauten Rollern anders. Der einfache Kroboth 100 mit dem 98er-Sachs-Motor glich mehr den primitiven Plattformrollern, während die 150er- und 175er-Versionen riesige Blechmonster à la Maico-Mobil oder Bastert-Einspurauto darstellten. Apropos Maico: Das als Auto auf zwei Rädern bezeichnete Maico-Mobil war der Straßenkreuzer unter den Rollern und eigentlich eher ein verkleidetes Motorrad.

Ein waschechter Motorroller und eine Grazie dazu war die von NSU seit 1950 in Lizenz gefertigte Lambretta 125. NSU entwickelte sich damit ganz schnell zum Marktführer in Sachen Motorroller in Deutschland, hatte dafür der Lambretta aber auch einige NSU-eigene Detailän-

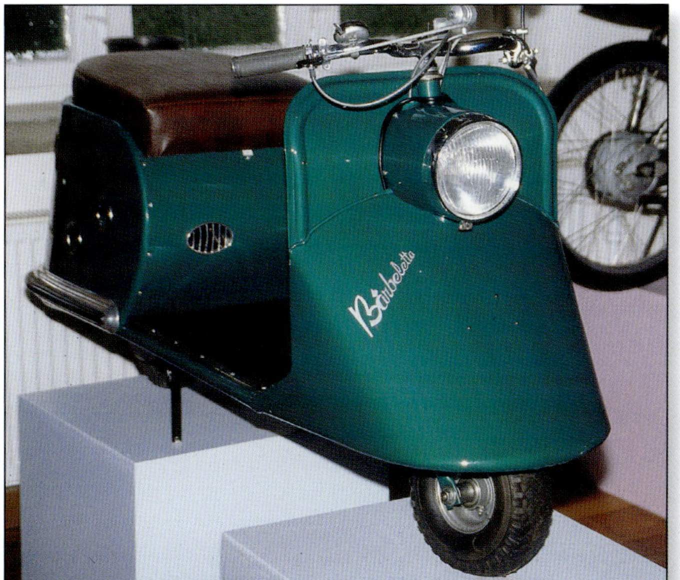

Die »Bärbeletta« ist ein unbekannter Roller aus der Sammlung von Martin Sauter. Als Baujahr wird 1953 angegeben, der Motor hat einen Hubraum von 38 ccm.

Ein uriges Vehikel, dass noch sehr an die Plattformroller der zwanziger Jahre erinnernte, war der Jeanette-Roller des Berliner Konstrukteurs Gerhard Wolz. Der einzig existierende Jeanette-Roller gehört heute zur Sammlung von Martin Sauter.

derungen verpasst, die den Roller vom italienischen Vorbild abhoben.

Sehr italienisch kam auch der Roller von einem anderen großen deutschen Motorradbauer daher – und hieß auch noch »Bella«. Zündapp war 1953 mit diesem 150-ccm-Roller auf den Markt gekommen, den man durchaus nach italienischem Vorbild entwickelt hatte. Die Bella avancierte neben der Lambretta schnell zu einem der beliebtesten Roller in Deutschland und wurde mit allen Nachfolgemodellen schließlich auch bis 1964 gebaut.

Von hohen Stückzahlen, großer Beliebtheit und langer Bauzeit konnten andere deutsche Rollerproduzenten nur träumen, wenngleich ihre Konstruktionen oft durchaus konkurrenzfähig waren. Erwähnt seien hier noch die Walba-Roller, die in fünf verschiedenen Ausführungen bis 1952 gebaut wurden, der Progress Strolch mit 150 oder 175 ccm (nicht zu vergessen die Strolch-Vorgänger der Firma Gassmann), die gleich in sechs verschiedenen Versionen gebauten Sitta-Roller der Hummelwerke in Sittensen, der Röhr Rolletta, die Schweppe-Roller Pirol und Miranda oder schließlich der »Autobahn-Roller« R 175 von Lutz.

Der »Spatz« der Braunschweiger Firma Robert Goerke von 1954 trug den Münchner Rex-Motor über dem Vorderrad.

Dieser Cityfix der Firma Gottfried Delius mit dem 98er-Sachs-Motor, der einst zwischen 1951 und 1953 gebaut wurde, wartete im Jahre 2006 noch auf einen Restaurator.

Einer der letzten Braunschweiger Lutz-Roller von 1954 fristet heute im Auto museum Engstingen sein Dasein. In der Tradition der einfachen Plattform-Roller war der kleine Lutz in seiner Anfangszeit 1949 zweifellos die richtige Wahl.

Bereits im Spätherbst 1949 war die Vespa auf einem Hoffmann-Prospekt zu sehen. Zwei Jahre später konnte eine Zeitungsannonce schon mit tausenden Hoffmann-Vespas werben.

Die Hoffmann-Vespa war der erste deutsche Großserien-Roller nach 1945. Geschickt passte Hoffmann die eigenen Markenzeichen ins Piaggio-Logo ein, das laut Lizenzvertrag nicht verändert werden durfte.

Frühe Hoffmann-Vespa von 1950. Der Zweitaktmotor mit 125 ccm Hubraum leistete zu dieser Zeit noch magere 4 PS, später wurden es dann 4,5 PS.

Die große Rollersammlung der Familie Krüger, die bis Anfang 2006 zur Rosso-Bianco-Collection in Aschaffenburg gehörte, beherbergte innerhalb der großen Vespa-Schau auch einige Hoffmann-Vespas.

Maicos stets gute Verbindungen zur Motor Presse Stuttgart bescherten der Firma dieses Titelbild vom Heft 17/1950 mit einem Prototypen des Maico-Mobils. Die Serienfertigung begann erst ein Jahr später.

Vor allem die Heck-, aber auch die Frontpartie des serienmäßigen Maico-Mobils hatten sich gegenüber den ersten Prototypen deutlich verändert. Gut erkennbar: der Schnappverschluss für den Kofferraum.

Der Kroboth 100 von 1950 in klassischem Blau. Der Roller aus Seestall am Lech hatte einen 98er-Sachs-Motor, er wurde von 1950 bis 1953 gebaut.

Ein unbekanntes Rollergespann wie aus dem Micky-Maus-Heft.

Das Walba-Spitzenprodukt von 1952: Der Commodore mit durchgehender Sitzbank und interessanter Lenker-Lampen-Einheit mit Handprotektoren. Auch die letzte Ausführung des Walba de luxe wies die im deutschen Rollerbau einmalige Lenkerverkleidung mit Handprotektoren auf.

Im Heft 18 von 1950 stellt die Zeitschrift *Das Motorrad* die neue NSU-Lambretta vor. Anders als das italienische Original besaß die deutsche Lambretta eine 30-Watt-Motorrad-Lichtanlage, deren Akku über dem Antriebstunnel lag.

Der Franke-Autoroller stellte mit seiner üppigen Bugverkleidung Maico-Mobil & Co. weit in den Schatten. Das 1951 gebaute Modell war mit dem seltenen 122-ccm-Ilo-Zweitakter bestückt.

NSU beanspruchte für ihre Lambretta die Bezeichnung »Auto-Roller«.

Urlaub, Camping, schöne Frauen und die NSU Lambretta, das waren die Zutaten für ein Werbefoto – nicht nur im Jahre 1953.

Lambretta-Werbung 1953. Der 123 ccm große Zweitaktmotor leistete jetzt schon 5,1 PS, was für eine Höchstgeschwindigkeit von 75 km/h reichte.

Neben der hier abgebildeten Standard-Lambretta erschien 1952 für exakt 50 Mark Aufpreis eine Luxusvariante mit Zweifarben-Lackierung und verchromter »Stoßstange«.

Mit seiner ungewöhnlichen Vorderrad-Aufhängung zog der Schweppe-Roller unweigerlich alle Aufmerksamkeit auf sich. Beim Pirol 200, der zwischen 1951 und 1954 gebaut wurde, war diese teilweise in den Kotflügel integriert worden.

Prospekttitel für das Maico-Mobil von 1952. Ab diesem Jahr löste ein 175-ccm-Zweitakter den 150er ab, was 9 PS und 85 km/h Höchstgeschwindigkeit bedeutete.

Aus dem Maico-Prospekt von 1952. »Das Auto auf zwei Rädern«, wie Maico den großen Roller gerne nannte, wog 128 kg und kostete in diesem Jahr 1785 Mark.

Und noch ein Bild aus dem großen Maico-Prospekt von 1952.

Eine Werbeaufnahme der NSU-Lambretta mit Kindersitz von 1952.

Eine Zündapp Bella R 150 von 1953. Mit ihrem Erscheinen war sie sofort die ernsthafteste Konkurrentin der NSU Lambretta. Dabei war die Bella stärker als die Lambretta 150 und über 100 Mark preiswerter.

Ein früher Prospekt zeigt die Farbauswahl für die Zündapp Bella 150 in den Jahren 1953/54.

Eine Zündapp Bella bei der ADAC-Jubiläumsfahrt 1953. Zuverlässigkeitsfahrten mit Motorrollern waren Mitte der fünfziger Jahre keine Seltenheit.

Die Bella 150 hatte einen Zündapp-Zweitaktmotor, der aus 147 ccm 7,3 PS holte. Bis zur Einstellung der 150er-Produktion 1955 blieb dieser Wert unverändert.

Eine Bastert-Werbung von 1952. Dieses Motiv verwendeten die Bielefelder immer wieder sowohl als Zeichnung wie auch als Foto.

Die Titelseite eines Goggo-Prospekts von 1953. Seit 1952 war der Goggo wahlweise mit 125 ccm oder 150 ccm lieferbar. Das Vorderrad wurde von einer einfachen Telegabel geführt.

Aus einem NSU-Prospekt für den Lambretta-Autoroller von 1952. NSU war in den fünfziger Jahren für seine flotten Werbesprüche bekannt.

3

AUF DEM HÖHEPUNKT

Die NSU Prima D war optisch deutlich von der vorhergehenden Lambretta zu unterscheiden. Auch technisch hatte sich die Lambretta bis zur Prima D deutlich weiter entwickelt.

Der Siegeszug der Roller in Deutschland hatte Mitte der fünfziger Jahre seinen Höhepunkt erreicht. Bis zu diesem Zeitpunkt waren denn auch die meisten der namhaften deutschen Motorrad-Hersteller, die zunächst einmal die Entwicklung des Rollermarktes beobachtet und abgewartet hatten, noch schnell auf diesen Zug aufgesprungen, nicht ahnend, dass dieser bald schon wieder an Fahrt verlieren sollte. 1950 wurden in Deutschland über 9000 Motorroller gebaut, 1952 waren es gut 39.000 und 1954 – auf dem eigentlichen Höhepunkt der deutschen Motorrollerproduktion – exakt 121.245 Stück. Danach ging es, wie ja mit dem deutschen Motorradbau insgesamt, wieder bergab. Das Ausmaß des Wirtschaftswunder wirkte sich eindeutig negativ auf den Sektor motorisierter Zweiräder aus, denn wer es sich irgendwie leisten konnte, wollte jetzt auch im Straßenverkehr ein Dach über dem Kopf haben. Weil es meistens dann aber doch noch nicht für ein vollwertiges Automobil reichte, hatten ab Mitte der fünfziger Jahre Kleinstautos und Rollermobile ihre Hochkonjunktur. Diese Entwicklung hatten aber die allerwenigsten Motorrad- und Roller-Hersteller vorausgesehen, sodass in Deutschland das große Markensterben begann.

Doch zunächst einmal lief es bis etwa 1957 noch recht ordentlich, und um 1956 herum entstanden dann auch die

Kartenstudium auf dem Mittelstreifen: Autobahn-Idylle der frühen fünfziger Jahre. Dazu ein Bastert-Einspurauto, das seit 1953 wahlweise mit einem 175er- oder 200er-Ilo-Zweitaktmotor bestückt werden konnte.

Wieder die bekannte Bastert-Werbung mit der winkenden Frau, diesmal als Foto aus dem Jahre 1954.

zweifellos besten deutschen Rollerkonstruktionen, woran die traditionsreichen deutschen Motorrad-Hersteller sicher den größten Anteil hatten.

Adler in Frankfurt bot ab 1955 drei Junior-Versionen mit 89 und 123 ccm an, DKW baute von 1954 bis 1957 den nur 74 ccm großen Hobby-Roller, der mit 44.000 Exemplaren zu einem der meistverkauften deutschen Motorroller avancierte und den Motorradbau in Ingolstadt damit noch ein wenig am Leben hielt. Die Bielefelder Firma Dürkopp landete mit der ab 1954 im italienischen Stil gebauten »Diana« ebenfalls einen Hit, zumal der 200-ccm-Roller mit 9,5 PS auch gut motorisiert war. Auch die beiden Nürnberger Firmen Hercules und Triumph versuchten sich mit einem 200-ccm-Roller, den sie, um Zeit und Geld zu sparen, gemeinsam konstruiert, dann aber mit unterschiedlichen Motoren bestückt hatten. Die Verkaufszahlen des Hercules R 200 und der Triumph Contessa blieben aber weit hinter den Erwartungen zurück. Das war beim inzwischen weiterentwickelten Maico-Mobil mit 200-ccm-Zweitaktmotor nicht viel anders, besser lief es da schon mit der ab 1954 angebotenen Maicoletta, die mit einem versicherungsfreundlichen 175er-Motor oder einem 250-ccm-Triebwerk, dem mit 14 PS stärksten deutschen Roller-Triebwerk überhaupt, bestellt werden konnte. Klassenprimus aber blieb weiterhin NSU mit der ab 1954 gebauten Lambretta 150 beziehungsweise der geringfügig veränderten Prima D, die von 1956 bis 1958 immerhin in noch 77.000 Exemplaren entstand!

Triumph in Nürnberg bot neben der bereits erwähnten Contessa ab 1956 noch drei »Tessy«-Modelle mit 125 und 150 ccm an, die in nicht einmal 5000 Exemplaren gebaut wurden und das Ende der Traditionsfirma noch beschleunigten. Aber es kam noch schlimmer in Nürnberg: Victoria brachte erst 1956 den eigenwilligen Peggy-Roller auf den schwindenden Markt, der gute technische Ideen mitbrachte, jedoch nicht ausgereift war und nur 342 Kunden fand.

Einzig Zündapp konnte in der fränkischen Metropole punkten. Die ab 1954 gebauten Bella Modelle mit 150 und 200 ccm Hubraum, die zwischen 1535 und 1695 Mark kosteten, konnten sich mit insgesamt rund 75.000 Exemplaren bis 1958 gut behaupten. Danach zog Zündapp nach München – und baute weiter Motorroller.

Neben den bekannten Motorradproduzenten gab es aber auch noch eine ganze Reihe anderer Hersteller, die man nicht sofort mit motorisierten Zweirädern in Verbindung bringen würde, die aber um die Mitte der fünfziger Jahre herum auch ihr Stück vom Rollerkuchen abhaben wollten. Allen voran sicher der ehemalige Flugzeugbauer Heinkel, der 1953 in Stuttgart-Zuffenhausen begonnen hatte, Motorroller zu bauen. Und zwar den bis dahin einzigen deutschen Roller mit Viertaktmotor! Die ab 1954 gebauten Tourist-Modelle mit 175 ccm Hubraum und 9,2 PS zählten zum Besten (und Teuersten), was es auf dem deutschen Rollermarkt zu kaufen gab, und mit über 100.000 verkauften Fahrzeugen schrieb man hier eine beeindruckende Erfolgsgeschichte.

Den Achilles Sport-Roller (1953–1957) gab es mit dem 150-ccm- oder dem 175-ccm-Sachs-Motor und schwarzer Standard-Lackierung. Der Roller mit dem größeren Motor dominierte dabei die Produktion in Wilhelmshaven eindeutig.

Immer wieder gern gezeigt: Regina Ernst, die Miss Germany von 1954, erhielt unter anderem einen Diana-Roller der Bielefelder Firma Dürkopp, auf dem sie hier im Juni des gleichen Jahres posierte.

Und noch zwei Berühmtheiten der fünfziger Jahre auf einer Diana: Die Schauspieler Germaine Damar und Adrian Oven posieren für die *Rollerei und Mobil* vom Februar 1956.

Ebenfalls ganz gut im Rennen lag Glas in Dingolfing. Die Firma bot ihren Goggo-Roller bis 1956 in den Hubraumklassen 125, 150 und 200 ccm an. Nach gut 46.000 Exemplaren war schließlich Schluss – Glas begann, mit dem Goggomobil eine andere deutsche Erfolgsgeschichte zu schreiben.
Nicht unerwähnt bleiben dürfen die folgenden Roller-Hersteller: Achilles in Bremerhaven baute von 1953 bis 1957 den ein wenig skurrilen Sport-Roller mit 150 und 175 ccm Hubraum, Faka in Salzgitter-Bad im exakt gleichen Zeitraum die Roller Tourist und Commodore und die bereits im vorigen Kapitel erwähnte Firma Röhr die weiterentwickelte Rolletta mit 200-ccm-Zweitaktmotor. 1956 war hier bereits Schluss, ein Jahr zuvor hatte schon die Venus Fahrzeugbau GmbH in Donauwörth die Fertigung ihrer vier Rollermodelle von 100 bis 175 ccm Hubraum eingestellt.

Durch die einfachen Bajonettverschlüsse ließen sich an der Diana die Seitenteile leicht abnehmen. Zum Vorschein kam dann der hauseigene 194-ccm-Zweitaktmotor, der immerhin 9,5 PS leistete.

Die Diana von Dürkopp war wohl der italienischste unter den deutschen Motorrollern.

Prospekttitel für den Heinkel Tourist von 1954. In der ersten Ausführung mit 175-ccm-Motor kostete der einzige deutsche Viertakt-Roller 1790 Mark.

Aus dem Heinkel-Prospekt von 1954. Der Tourist hatte die interne Typenbezeichnung 102 A1.

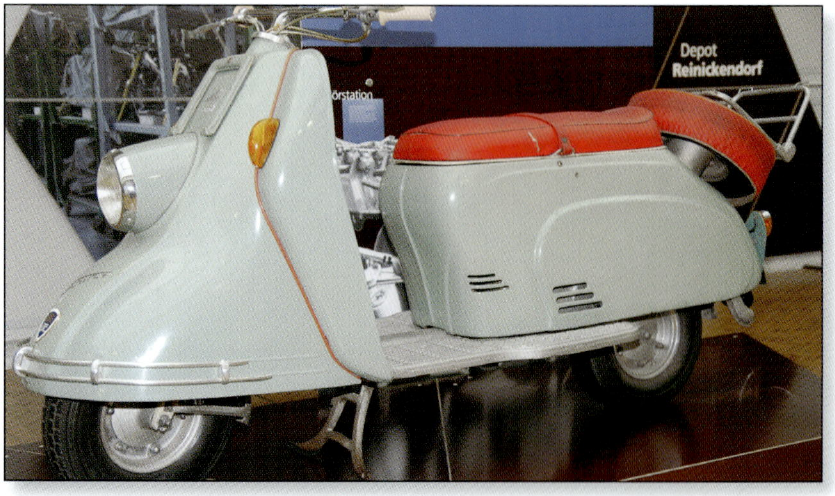

Heinkel Tourist 175, Typ 102-A1 von 1954. Der Viertaktmotor leistete 9,2 PS, was den 134 kg schweren Roller auf erstaunliche 95 km/h Höchstgeschwindigkeit beschleunigte.

Die Titelseite eines Prospektes für den Progress Strolch von 1954. Bis Mitte 1956 durften übrigens Damen in Deutschland in dieser »züchtigen« Stellung auf einem Roller-Soziussitz Platz nehmen, danach mussten sie laut Gesetz im »Männersitz« mitfahren.

Den Strolch hatte es bei der Firma Gassmann in Stuttgart-Untertürkheim schon seit 1950 in verschiedenen Ausführungen gegeben. Nach der Überarbeitung im Progress-Werk im badischen Oberkirch präsentierte sich der Strolch ab 1953 als passabler Reiseroller.

Ein Progress 200 im Test der Zeitschrift *»Roller und Mobil«* 1956. Wie seine Strolch-Vorgänger war auch dieser Roller mit einem Sachs-Zweitaktmotor bestückt.

Der Röhr Rolletta war zweifellos einer der besseren deutschen Reiseroller, dem ein größerer Erfolg aber leider versagt blieb. In der Röhr-Werbung fuhr übrigens meistens die Frau und der Partner musste sich mit dem Sozius-Sitz begnügen.

In der Werbung wurde immer wieder die Familientauglichkeit des großen Röhr-Reiserollers herausgestellt und ausdrücklich betont, dass die Rolletta Platz für zwei Erwachsene und ein Kind bietet. Ein Prospekttitel von 1955.

Diverse Hersteller boten für die großen Roller in Deutschland Seitenwagen an. Interessant hier übrigens der Versuch der Zeitschrift *Das Motorrad* vom Juni 1954 mit der nach außen sichtbaren Integration des Roller-Geschehens dem Publikumsinteresse zu entsprechen. Im Jahr darauf gab die Motor Presse Stuttgart dann eine eigenständige Rollerzeitschrift heraus.

Ein Glas »Goggo« von 1954. Den 200-ccm-Roller gab es jetzt mit hydraulischen Teleskopstoßdämpfern und Vorderradschwinge. Die hier angebrachte Scheibe war optional.

Zwei Goggo 200 im Originalzustand. Links das letzte Modell von 1955/56 mit geänderter Bugverkleidung.

Natürlich spielte auch beim DKW-Roller die Damenwelt in der Werbung eine große Rolle.

Der DKW Hobby besetzte die Nische zwischen Moped-Roller und großem Touren-Roller vor allem in den ersten beiden Produktionsjahren sehr erfolgreich.

Äußerlich ließen sich die beiden Maicoletta-Modelle mit 175er- oder 250er-Motor nicht voneinander unterscheiden. Bis 1969 ließ Maico den stärksten deutschen Motorroller offiziell im Programm. Mit dem Steib-Seitenwagen ergab sich ein perfektes Rollergespann.

Die stufenlose Getriebeautomatik inklusive Anfahrkupplung war bei Einführung des DKW Hobby ein Novum im deutschen Rollerbau. Sicherlich trug aber auch die Werbung mit dazu bei, dass der DKW Hobby Mitte der fünfziger Jahre zu einem der meistverkauften Motorroller in der Bundesrepublik wurde.

Enrico Piaggio begutachtet 1956 im Vespa-Messerschmitt-Werk in Augsburg eine 150 GS.

Messerschmitt-Vespa Me 55 auf einem genretypischen Werbefoto von 1956.

Vespa 150 Messerchmitt GS/2 von 1955 auf dem Prüfstand. Nach der Pleite der Firma Hoffmann führte die Messerschmidt GmbH in einem Werk bei Augsburg die Vespa-Lizenzproduktion weiter.

Noch eine Messerschmitt-Vespa von 1956. Die in Augsburg gebauten Roller waren – im Gegensatz zur NSU Lambretta – hundertprozentige Nachbauten der in Italien gefertigten Modelle.

Prospekt-Titel für den Adler Junior von 1955. Die angegebenen 4 PS waren ein wenig geschönt. Tatsächlich waren es nur 3,75 PS – erst der ab 1956 gebaute Junior Luxus, ebenfalls mit 98-ccm-Zweitaktmotor, war mit 5,1 PS ordentlich motorisiert.

Auf der IFMA 1956 viel bestaunt, aber nicht mehr in Serie gebaut: Der Adler Junior Sport mit Vollnaben-Bremsen und 7 PS Motorleistung.

Blick auf die Front der Venus DS 175 von 1954, noch mit dem eigenwillig gestylten Kotflügel. Als Reiseroller galten die Venus-Modelle 150 und 175 mit durchgehender Sitzbank, Reserverad und Gepäckträger.

Venus-Prospekttitel für die 1955er-Modelle. Auffällig die neue Frontgestaltung für die Modelle MS 175/MSA 175 (vorn), während der DS 100 im alten Design verblieb

Fototermin im November 1955: Horex Rebell mit Model und *Motorrad*-Chefredakteur Carl Hertweck. Der Rebell sah gut aus und wies gute Fahreigenschaften auf – in Serie ging er trotzdem nicht.

Zündapp »Bella 151« von 1955. Ab diesem Modell war eine Dynastartanlage an Bord. Ansonsten blieb der 147-ccm-Zweitakter unverändert.

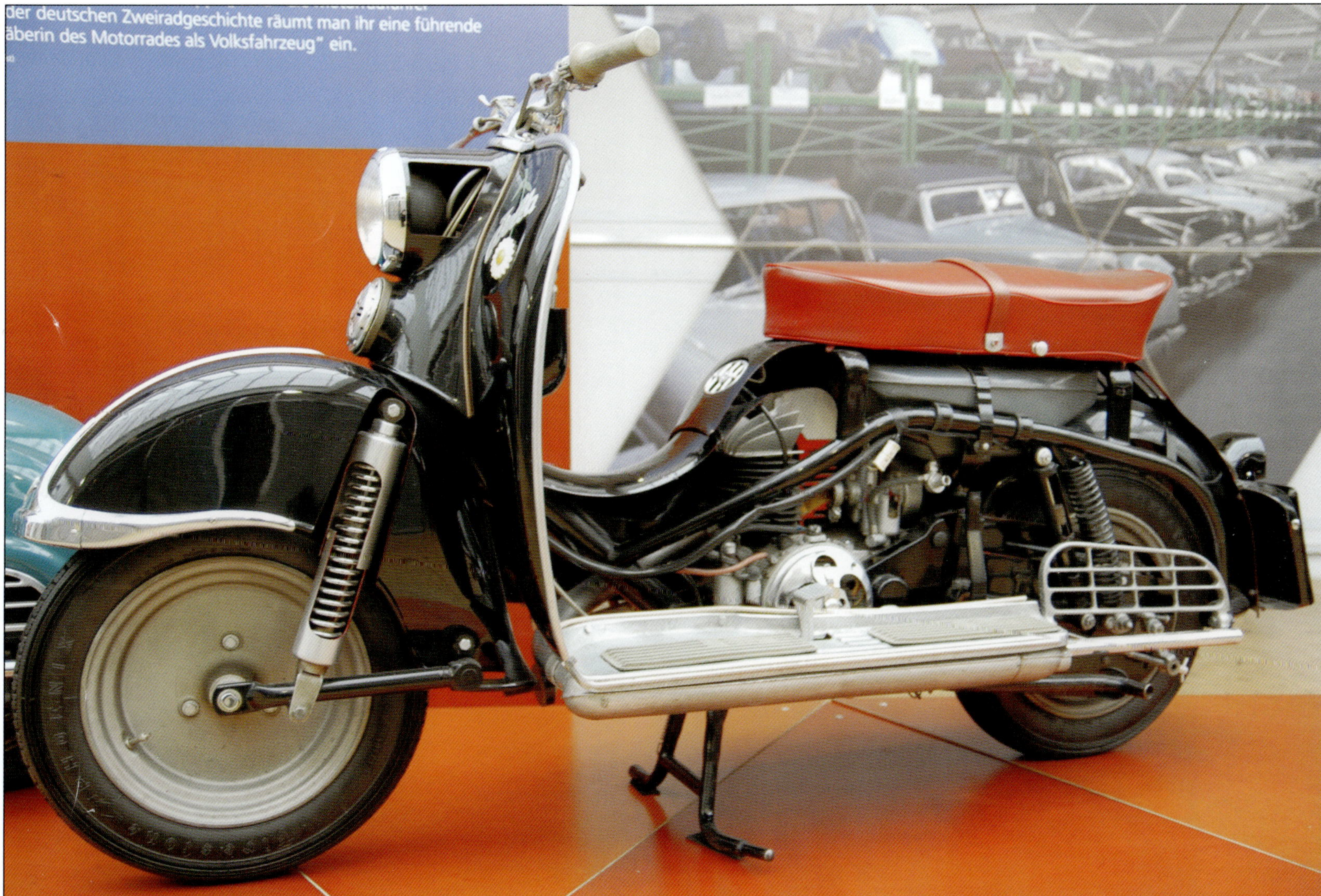

Zündapp Bella R 201, Schnittmodell von 1955. Optisch waren die Modelle 151 und 291 an der durchgehenden Sitzbank erkennbar. Die Schwingenfederung am Vorderrad war noch optional, eine Teleskopgabel Serie.

Bella 201 mit Dynastarter. Vor allem die 198-ccm-Modelle mit 10 PS galten als gute Reiseroller.

Wieder das klassische Werbemotiv in den fünfziger Jahren: Camping + Motorroller = große Freiheit.

Zündapp Bella 153 von 1956. Auch dieses nur in diesem Jahr gebaute Modell hatte noch den 7,3-PS-Motor der ersten Bella 150.

Ab der zierratlosen Bella 153 waren die Zündapp-Roller mit einer Vorderrad-Schwinge, die sich auf ein kräftiges Federbein abstützte, ausgerüstet.

Museumsstück: Faka Commodore in Kickstarter-Version. Die Faka-Modelle waren eindeutig an der Turbo-Düsen-Attrappe, einer der Modetrends der fünfziger Jahre, erkennbar.

Den Faka Commodore gab es nur 1953 in einer 175-ccm-Version, bis 1957 dann mit dem 200-ccm-Ilo-Zweitaktmotor. Daneben gab es den Tourist mit 147er-Zweitakter, ebenfalls von Ilo.

Die Triumph »Tessy« von 1956 konnte den Niedergang der Nürnberger Zweiradfirma nicht mehr stoppen.

Die Tessy Super mit 150-ccm-Motor war durch die Doppelsitzbank vom 125er-Modell mit Einzelsitzen zu unterscheiden.

Die Tessy von Triumph war der stärkste 125er-Roller seiner Zeit. Ein interessantes Detail ist der auf Vorderradkotflügel und Beinschutz montierte Gepäckträger.

4

DAS ENDE DER ROLLER-ÄRA IN DER WIRTSCHAFTSWUNDERZEIT

Die Victoria Peggy wurde schon auf der IFMA 1953 gezeigt. Und so sah der Roller schließlich aus, wie er ab Ende 1956 in größeren, aber nie wirklich großen Stückzahlen produziert wurde.

Dass Firmen wie NSU oder Zündapp bis in die sechziger Jahre hinein Motorroller verkaufen konnten und mancher Motorradbauer schon in der zweiten Hälfte der fünfziger Jahre überhaupt nur noch auf Grund seiner Rollerfertigung am Leben war, lag nicht unwesentlich daran, dass die Frauen den Motorroller sehr früh für sich entdeckt hatten. Durch die an Männern arme Nachkriegszeit und das Wirtschaftswunder stark in den deutschen Arbeitsmarkt integriert, mussten Frauen ebenso wie ihre männlichen Kollegen die Fahrten zum Arbeitsplatz organisieren und womöglich zusätzlich noch die Kinder zur Schule bringen und den Einkauf erledigen. Der Motorroller war dazu, solange man sich noch kein Auto leisten konnte, geradezu ideal geeignet. Sehr schnell hatten das auch die Marketingstrategen erkannt, was dazu führte, dass in der Rollerwerbung hübsche junge Frauen und makellos aufpolierte Scooter nicht mehr voneinander zu trennen waren.

Im Übrigen bedeutete selbst der Besitz eines Automobils in der Familie zu dieser Zeit noch lange nicht, dass auch die weiblichen Mitglieder damit fahren konnten bzw. durften. Im prüden und konservativen Westdeutschland jener Tage blieb das Steuer eines Automobils meist noch Männerhänden vorbehalten.

Am Niedergang der deutschen Motorrad- und Rollerindustrie waren die Gesellschaft und die Politik letztlich nicht unbeteiligt; sie stellten sich gegen das Motorrad, was dazu führte, dass Motorrad- und Rollerfahrer nicht selten als asozial abgetan, ja beinahe geächtet wurden. Und mit Billigung der Politiker erhöhten sich ab Mitte 1955 die Versicherungsprämien für Motorräder und Roller drastisch: um 33 % bei den Hubraumklassen 100 bis 175 ccm, um 35 % bei den 200ern und 250ern. Gleichzeitig blieben die Prämien für Rollermobile und Kleinstwagen stabil. Dies führte dann dazu, dass eine 175er Maicoletta teurer zu versichern war als ein »Leukoplastbomber« von Lloyd. Auf der anderen Seite verdrängte das billigere Moped als Verkehrsmittel für den simplen Personentransport auf kurzen Strecken den teureren Roller und verlängerte so einmal mehr das Leben einiger Motorrad- und Rollerhersteller.

Nur noch wenige klassische Motorrad-Hersteller boten nach 1957 Motorroller an. Dürkopp baute die Modelle Diana Sport

Da graust es den Umweltschützer von heute: Waschtag mit der NSU Prima V am öffentlichen Gewässer.

(194 ccm) und Diana TS (171 ccm) bis 1961. Letzteres Modell schaffte nicht mal die 1000er-Marke in der Stückzahl. Hercules baute den wenig geliebten R 200 mit 191-ccm-Sachs-Motor und 10 PS bis 1960, Maico beendete 1958 die Fertigung des Maico-Mobils, baute den Maicoletta-Roller mit eigenen 175er- und 250er-Zweitaktmotoren aber immerhin noch bis 1964, in Einzelfertigung sogar bis 1969. Kein anderer deutscher Großroller blieb so lange im Programm. Bis 1964, dem Jahr, in dem in Neckarsulm die Motorradfertigung eingestellt wurde, standen auch die Prima-V- und Prima-III-Modelle in den Verkaufskatalogen. Das Automobil hatte bei NSU den Roller aus den Montagehallen verdrängt, so wie das auch auf deutschen Straßen schon längst an der Tagesordnung war.

Maicoletta mit Beiwagen. Bis 1969 blieb der stärkste deutsche Motorroller offiziell im Programm.

Auch Zündapp baute noch bis 1964 Motorroller. Die Modelle Bella 175 S und Bella 200 kamen jetzt allerdings aus München; mit jeweils 2000 Exemplaren erreichten diese Roller sogar noch eine vergleichsweise ordentliche Stückzahl.

Bei den Nicht-Motorradproduzenten schaffte es der Progress 200 als Strolch-Nachfolger bis 1960 immerhin noch auf ebenfalls 2000 Exemplare. Klassenprimus blieb hier der Heinkel-Tourist, der mit dem 174-ccm-Viertakter sogar bis 1965 angeboten wurde. So lange baute Heinkel auch das Modell 150, aber der kleine Zweitaktroller konnte nie aus dem Schatten des großen Viertakters heraustreten.

Mitte der sechziger Jahre war dann endgültig Schluss mit dem deutschen Großrollerbau. Lediglich einige 50er erlebten auch noch die siebziger Jahre, das große, internationale Roller-Revival zwei Jahrzehnte später indes erlebten auch sie nicht mehr.

Eine eher ungewöhnliche Werbeaufnahme für einen auch ungewöhnlichen Motorroller: Victoria Peggy von 1957.

Unter anderem ungewöhnlich am Peggy-Roller waren der gesamte Antriebsstrang mit dem als Einarmschwinge fungierenden Kettenkasten und das Viergang-Getriebe, das elektromagnetisch vom Lenkrad aus geschaltet wurde.

Den Hercules R 200 gab es in der Ausführung mit zwei Einzelsitzen oder einer durchgehenden Sitzbank. Außerdem weist diese Version des R 200 auch Spritzschutzgummis für beide Räder auf.

Die Zeitschrift *Roller-Mobil Kleinwagen* stellte dieses Titelbild der Ausgabe April 1957 als Foto aus der Leserpost dar. Wer es glaubt – ein klassischeres Werbefoto kann es doch kaum geben.

Serienmäßig war der Rückspiegel an der Zündapp Bella 1957 noch nicht, aber offensichtlich nicht nur für den immer dichter werdenden Straßenverkehr sehr nützlich.

Noch ein sehr gelungenes Werbefoto mit der Dürkopp Diana von 1957.Das Modell TSE war inzwischen mit einer umlaufenden Chromreling aufgewertet worden.

Die ganz andere Werbeaufnahme: Mit der NSU Prima konnte auch der Eisenbahner zufrieden sein, der ansonsten Stahlkolosse bewegte.

Die NSU-Prima III KL (Kickstarter-Luxusausführung) unterschied sich durch den fehlenden Nebelscheinwerfer und den Kickstarter am Ende des Trittbrettes von den normalen Prima-Modellen.

Die neuen Prima-Modelle V und III von NSU waren wahlweise mit Einzelsitzen oder durchgehender Sitzbank erhältlich.

Die Messerschmitt Vespa blieb auch 1958 die härteste Konkurrenz für die Roller von NSU, Zündapp und Heinkel.

Die Vespa GS von 1958 kam zwar immer noch aus Augsburg, die Messerschmidt AG hatte sich aber schon im Dezember 1957 endgültig aus dem Geschäft mit den italienischen Rollern zurückgezogen.

Die Zündapp Bella 204 im klassischen Rot-Weiß und mit kompletter Lenkerabdeckung. (Foto: Rosso Bianco Collection, Aschaffenburg)

Vom Modell 204, das teilweise bereits im Zündapp-Werk in München entstand, wurden zwischen 1958 und 1960 noch gute 15 000 Exemplare gebaut.

Noch eine Zündapp Bella 204 von 1958 mit allem, was Werbung damals brauchte: Bikini, blauer Himmel und Wasserball.

Die Diana TS ab 1959 mit steuer- und versicherungsgünstigen 171 ccm Hubraum.

Vespa Touren 150 von 1959. 5,7 PS leistete der italienische Zweitaktmotor, was immerhin für 80 km/h Höchstgeschwindigkeit reichte.

Vespa 150 de Luxe T/4 von 1959. Aus der Messerschmidt GmbH war im Februar 1958 die Vespa GmbH geworden. Weiterhin wurden in Augsburg eine 125er- und eine 150er-Variante gebaut.

Der Heinkel Tourist 103 A1 (erkennbar am »Schalenlenker«) wurde von der Zeitschrift *Roller-Mobil Kleinwagen*, Ausgabe August 1959, mit einem Seitenwagen von Steib getestet.

Die Diana Sport mit dem überarbeiteten Design ab Ende 1959. Die Sport-Variante kennzeichnete ein Chrombügel über dem vorderen Schutzblech und eine Art Sturzrohr seitlich entlang des Frontschildes.

Die letzte Entwicklungsstufe der großen Zündapp-Roller: Die Bella 175 S und die Bella 200 wurden von 1960 bis 1964 in München gebaut.

NSU Prima, Prospekttitel von 1960. Bis 1964 blieben die Roller bei NSU im Programm.

Während die Prima V mit einem 174 ccm großen NSU-Zweitakter ausgerüstet war, musste sich die Prima III mit dem 147-ccm-Triebwerk begnügen.

Die NSU-Prima V war Ende der fünfziger Jahre einer der besten deutschen Motorroller.

Heinkel Tourist 103 A2 in einem Prospekt von 1961. Die letzte Ausführung des großen Viertakt-Rollers zeigte vor allem eine modernere Heckform.

Trapezform und herausgezogenes Rücklicht machten den 103 A2 sechziger-Jahre-tauglich.

Mit der auf die Spitze getriebenen Trapezform fiel der Heinkel 150 beim Publikum durch, blieb aber trotzdem bis 1965 im Programm.

Typisches Prospekt-Design der frühen sechziger Jahre. Der kleinere Zweitakt-Bruder des Tourist war für kurze Spritztouren in der Freizeit gedacht.

Die Vespa 160 GS/4 von 1962. In diesem Jahr war der 50 000. Roller in Augsburg gefertigt worden. Im Oktober 1963 war dann Schluss mit italienischen Rollern aus Deutschland.

5

MOPED- UND MOKICK-ROLLER

Die Victoria-Werke in Nürnberg waren einer der wenigen westdeutschen Hersteller, die nennenswerte Stückzahlen im Bereich Moped- und Mokick-Roller produzierten.

Internationale Trends in Sachen 50-ccm-Roller waren in den fünfziger Jahren eher dünn gesät. Die ab 1953 in der Bundesrepublik zugelassenen Typen blieben zunächst der Moped-Kategorie zugeordnet, mussten also unter anderem mit einem Pedaltretwerk ausgestattet sein, was einen geschlossenen Schmutzschutz mit dem Verbund Knieschutz/Trittbretter nur unvollkommen zuließ. Die geschlossene Verkleidung, die vor Regen und Schmutz schützen sollte, bildete später jedoch die Grundlage für alle Roller – also auch die in der 50-ccm-Klasse.

Als um 1950 herum in Deutschland mit dem Rollerbau experimentiert wurde, gab es auch eine ganze Reihe von Kleinrollern, die mit diversen Fahrrad-Hilfsmotoren bis 60 ccm Hubraum bestückt waren, aber kaum eine größere Rolle auf dem Fahrzeugmarkt spielten. Die Modelle Brummer, Luchs, Spatz, Varel-FF, Maiwald-Mascottchen, Stüdemann-Fibs oder Franke-Zwerg waren bestenfalls Versuche, mit möglichst wenig Zeit- und Materialeinsatz irgendwie am möglichen Roller-Boom teilzuhaben. Randerscheinungen blieben nach Inkrafttreten der Mopedregelung auch Modelle wie Patzner-Mulus, Permo-Biene, Levante CL 34 oder amoretto. Als Einbaumotoren kamen oft Triebwerke von Zündapp, Victoria (FM 38), Rex, Lutz und selbstverständlich Sachs und Ilo zum Einsatz. Die beiden Letzteren hatten sich längst als

Der Patzner-Kleinroller auf der *Moped*-Titelseite vom Juli 1958 ist nicht zu verwechseln mit dem im gleichen Heft getesteten Moped der Bad Mergentheimer Firma.

die führenden deutschen Einbaumotoren-Herstellern etabliert.

Überhaupt waren diese »Mopedroller« um 1953/54 herum nur mit wirklich großem Wohlwollen als Roller zu bezeichnen; eine Motorverkleidung und ein oft spärliches Knieschutzblech machten meist den Unterschied zum normalen Moped aus. Die Bielefelder »Feminette« von ASB war dafür ein typisches Beispiel. Mit der Etablierung des Mopeds kamen ab 1954 bessere, ein wenig rollertypischere Modelle auf den Markt. Die Victoria Preciosa war dafür ebenso ein Beispiel wie die Kreidler J 51 R.

Doch wer als Mopedbauer auch auf den Roller setzte, verwendete um 1954/55 herum bereits Triebwerke, die mittels Kickstarter oder Handseilzug angeworfen wurden, was eine wirklich geschlossene Rollerkarosserie ermöglichte. Vorreiter war hier Mopedspezialist Kreidler, der auch sein Stück vom Kuchen des deutschen Rollermarkts abzubekommen suchte. Hierzu bediente man sich der aus der K 50 weiterentwickelten K 51 (mit Kickstarter und Fußrasten war diese Maschine das erste Kleinkraftrad in Deutschland, das überhaupt die Schaffung dieser Klasse begründete), verpasste ihr eine nicht unbedingt schöne Verkleidung, dazu Trittbleche und einen tiefergezogenen vorderen Kotflügel. Die Räder waren von der Größe 26 x 2 auf 23 x 2,25 reduziert worden, Trieb- und Fahrwerk blieben (bis auf den speziell für den Roller entwickelten Rohrrahmen) nahezu unverändert. Die erfolgsverwöhnten Kornwestheimer verkauften gerade mal knapp 5000 dieser Roller und stellten die Produktion schon 1956 wieder ein.

Den Marktbegleitern Binz aus Lorch, Göricke (Görette), Kleinschnittger, Meister/Mammut/Phänomen (Solo-Roller) und Victoria Nicky (bis 1958 immerhin fast 6000 verkaufte Seilzug-Roller) erging es in etwa dem gleichen Zeitraum nicht viel anders. Der Mokick-Roller, der in der DDR eine unvergleichliche Erfolgsstory schrieb, blieb in der Bundesrepublik eher ungeliebt. Als die kleinen Roller dann in den neunziger Jahren wiederkehrten, jetzt mit Elektrostarter und Automatik-Getriebe, gab es in Deutschland keinen Hersteller mehr dafür. Und Simson in Suhl lag bereits im Sterben.

Der Cityfix 49 der Osnabrücker Firma Gottfried Delius gehörte zu den Einfachstrollern, die um 1950 herum durchaus gefragt waren, aber nie wirklich große Stückzahlen erreichten.

Der ASB-Kleinmotorroller aus Quelle bei Bielefeld trug den Zündapp-Motor über dem Vorderrad.

Ein Binz-Roller von 1955 mit Teleskopgabel und Fichtel-&-Sachs-Motor mit Kickstarter aus der Sammlung Krüger im Original-Zustand.

Der Name war Programm: »Feminette« nannte ASB diesen Einfachst-Roller, der die Damen vom normalen Moped weglocken sollte.

Binz-Zeitschriftenwerbung vom Frühjahr 1955.

Der Solo-Roller der Bielefelder Meister-Werke, der auch ein Mammut- oder Phänomen-Modell sein konnte, galt Mitte der fünfziger Jahre als einer der besten Kleinroller.

Scheinbar eine von ganz wenigen Werksaufnahmen des Kleinschnittger-Rollers, die in der Fachliteratur immer wieder herhalten muss.

Ein Ferbedo-Roller von 1953 aus der Sammlung Krüger.

Der Solo-Roller als Typ »Phänomen 63« im Jahre 2009 nahezu im Originalzustand mit grüner Lackierung.

Ausgeliefert wurde der Ferbedo-Roller aus Nürnberg-Doos mit dem Schutzkorb für den Motor; Ballhupe und Gepäckträger mussten extra bezahlt werden.

Noch einmal der Ferbedo-Roller von 1955. Der Markenname setzte sich aus Ferdinand Bethäuser Doos zusammen.

Der unverkleidete, über dem Vorderrad sitzende Victoria-Motor FM 38 trieb das Vorderrad des Servos über eine Kette an.

Der handliche Servos aus Augsburg stand in der Tradition der »Stadtrutscher« und »Stadtdiener« vergangener Jahrzehnte.

Der Kreidler-Roller R 50 war das erste zweisitzige Fahrzeug der Kornwestheimer Firma. Dabei war der Soziussitz optional an Stelle des Gepäckträgers erhältlich und kostete inklusive zusätzlicher Fußrasten 40,80 DM.

Der Kreidler R 50 wurde von 1954 bis 1956 gebaut. Mit der Einstufung als Kleinkraftrad war der Mokick-Roller führerscheinpflichtig.

Mit einem richtigen Motorroller hatte das Kreidler-Moped J 51 R herzlich wenig zu tun, dennoch sprach man, zumindest in der Werbung, stolz vom »Roller-Moped«.

Das kleine Kreidler-Moped wurde 1956/57 zum Preis von 625 Mark angeboten.

Die Görette von Göricke mit Sachs-Triebwerk war am geschlossenen Motortunnel und dem Kickstarter zu erkennen.

Zweifellos einer der gelungensten Kleinroller Mitte der fünfziger Jahre: Victoria Nicky mit Karosserieteilen aus Leichtmetall-Druckguss.
Der Victoria-Mopedmotor mit 47 ccm Hubraum war einer der besten seiner Zeit. Im Nicky-Roller durfte er ungedrosselt seine 2,5 PS entfalten.

Für den Fotografen inszeniert, treffen sich Victoria Vicky und Victoria Nicky an der Tankstelle.

Der grundsätzliche Verzicht auf einen Soziussitz schränkte den Kreis der Interessenten für die Victoria Nicky von vornherein ein.

Mit dem Mopedroller (oder Rollermoped) Preciosa trat Victoria Ende 1958 in die Nürnberger Zweirad-Union ein.

6

DAS KLEINE WIRTSCHAFTSWUNDER IN DER DDR

Mit dem Motorroller »Pitty« wurden durch die BSG Ludwigsfelde auch Straßenrennen und Zuverlässigkeitsfahrten bestritten. Hier treten sie 1955 zur Zwei-Schleifenfahrt in Karl-Marx-Stadt an.

Der wirtschaftliche Aufschwung in der DDR der frühen Jahre darf durchaus auch als eine Art Wirtschaftswunder bezeichnet werden. Und im Bestreben, den Westen nicht nur ein-, sondern vielmehr zu überholen, sollte die in den fünfziger Jahren durchaus bunte Fahrzeugpalette um einen großen Motorroller erweitert werden. Schon seit 1953 hatten immer wieder Pressemeldungen von einer bevorstehenden Rollerproduktion in der DDR die Runde gemacht. Das Volk des 17. Juni sollte schließlich bei Laune gehalten werden! Dabei hatte man zunächst vermutet, dass der Roller »Hexe« des Konstrukteurs Max Freihoff aus Ehrenhain bei Leipzig das Rennen machen würde (es hatte bis dahin in der DDR schon mehrere Versuche gegeben, eine Rollerfertigung aufzuziehen). Aber die Regierungsverantwortlichen entschieden anders: Sie stellten im September 1953 ein Team (selbstverständlich hieß es »Kollektiv«) aus erfahrenen Ingenieuren und Technikern zusammen und gaben ihm bis zum 21. Dezember, dem Geburtstag Stalins, Zeit (genau 81 Tage), mindestens ein Versuchsmuster zu bauen. Dies gelang zwar eindrucksvoll, nützte aber – bis auf weitere Pressemeldungen – nicht viel, denn es dauerte noch bis ins Frühjahr 1955 hinein, ehe die Serienproduktion des neuen Motorrollers »Pitty« im VEB Industriewerke Ludwigsfelde (IWL) anlaufen konnte.

Der kleine Stadtroller »Pünktchen« hatte es sogar auf die Titelseite des *Deutschen Straßenverkehrs* gebracht. Eine fast schon genial zu nennende Konstruktion, die dennoch nicht gebaut werden durfte.

Mit seinem üppigen Blechkleid à la Heinkel oder Goggo, das einfach zu demontieren war, wog der Roller aus dem Osten gut drei Zentner, mit denen der Motor der IFA RT 125/1 so seine Mühe hatte, zumal er durch das zusätzlich aufgesetzte Gebläse an Leistung verlor und nur noch 5 PS auf den Prüfstand brachte. Der Antriebsblock hing an einer Triebsatzschwinge, die wiederum mit je zwei Stoßdämpfern und Federn gegen das Heck des sehr stabilen Rohrrahmens abgestützt war. Das Vorderrad zog eine ungedämpfte Langschwinge mit 70 mm Federweg. Die 12-Zoll-Räder, inklusive einem unter dem Gepäckträger verstauten Reserverad, waren untereinander austauschbar. Für 2300 Mark fanden sich mehr als 11.000 Kunden, die mit dem Pitty durchaus zufrieden waren.

Dennoch präsentierte IWL schon ein Jahr später mit dem »Wiesel«, das die interne Typenbezeichnung SR 56 (Stadtroller 1956) erhielt, einen überarbeiteten Roller, der vor allem 20 kg abgespeckt hatte. Äußerlich am separaten, mitschwenkenden Kotflügel des Vorderrades zu erkennen, hatte sich auch unter dem Blech einiges getan. Die Triebsatzschwinge war durch eine drehstabgefederte Zweirohr-Parallelogramm-Schwinge ersetzt worden. Zusammen mit den neuen Gummihülsen zur Federung des Hinterrades ergab dies mehr Komfort und Sicherheit auf der Straße. Mit dem nun 5,5 PS leistenden RT-Triebwerk konnten 76 km/h (Pitty: 70 km/h) Spitzengeschwindigkeit erreicht werden. Der

Einer von zehn gebauten Prototypen des Typs »Pitty« aus dem Industriewerk Ludwigsfelde.

Ein Pitty-Prototyp von 1953/54 diente bereits für erste Werbefotos, obwohl die Serienproduktion noch lange auf sich warten ließ.

Preis des Wiesels blieb gegenüber dem Vorgänger unverändert.
Das galt auch für den drei Jahre später, im April 1959 erfolgten Modellwechsel zum SR 59 »Berlin«. Mit dem auf knapp 150 ccm aufgebohrten Motor der RT 125/3 war der »Berlin« für einen Roller dieser Größe erstmals ausreichend motorisiert und endlich auch mit einem Vierganggetriebe ausgerüstet. Äußerlich kennzeichneten zwei voluminöse Einzelsitze das neue Modell, an das nun auch ein in Ludwigsfelde entwickelter und gebauter Einradanhänger mit der sinnreichen Bezeichnung »Campi« gehängt werden konnte. Mit der Aufnahme üppigen Campinggepäcks hatte der ebenso wenig Mühe wie der 7,5 PS leistende Motor mit dem ganzen Gefährt samt Sozius. Die Bezeichnung »Stadtroller« stimmte auch deshalb für den solo 85 km/h schnellen »Berlin« längst nicht mehr.
Darum hieß der ab Januar 1963 erhältliche Nachfolger auch »Troll 1«, eine Bezeichnung, die nichts mit kleinen Männchen zu tun hatte, sondern schlicht aus »Touren-Roller« abgeleitet worden war. Ein völlig neues Rollerkonzept, das wesentlich von der Zschopauer MZ ES 150 geprägt war, bediente nun die Kundschaft in der DDR und den seit 1960 stark gewachsenen Exportmarkt. Neben dem gebläsegekühlten Motor erbte der »Troll« unter anderem auch Lenker, Lampengehäuse sowie vordere

Chefkonstrukteur Roland Berger auf einem Vorserienmodell des Pitty-Rollers auf dem Werksgelände in Ludwigsfelde.

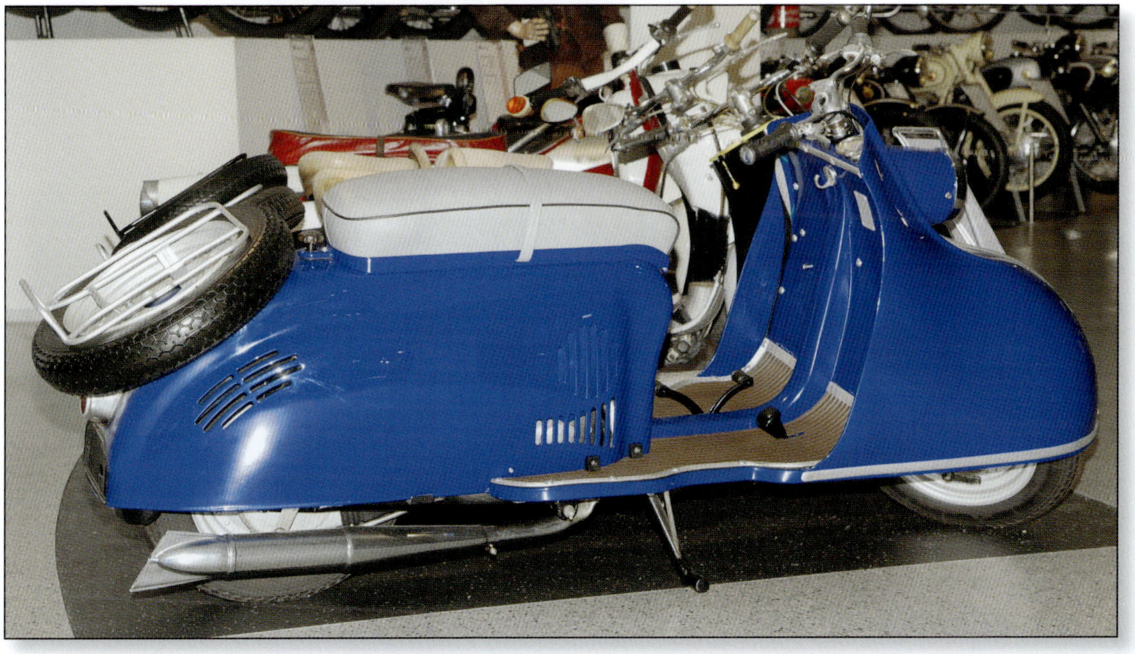

Kaum ein Fahrzeugmuseum in den neuen Bundesländern – und davon gibt es inzwischen sehr viele –, in dem nicht auch ein IWL-Roller steht.

und hintere Federbeine der ES. Die vordere Langschwinge war zwar ES-ähnlich, aber den kleineren Rädern angepasst worden. Das ganze Fahrgestell hing an einem geschweißten Kastenprofilrahmen, der auch die – jetzt aus zwei Schalen bestehende – hintere Blechverkleidung trug. Diese wiederum trug eine neue, durchgehende Sitzbank; auf ein Reserverad mussten Troll-Besitzer allerdings verzichten.

Hervorragende Fahreigenschaften, wenn auch gepaart mit einem nicht sonderlich originellen Design, bescherten dem Troll in knapp zwei Jahren 56.500 Kunden, die bereit waren, 2550 Mark für den letzten großen Roller made in DDR zu bezahlen. Ende 1964 war Schluss: Nach 240.000 Rollern begann man das Ludwigsfelder Werk auf die Großserienfertigung des Lkws W 50 vorzubereiten. Der nach wie vor vorhandene Rollerbedarf sollte künftig aus CSSR-Importen gedeckt werden.

In Sachen Mokick-Roller spielte die DDR aber noch lange eine führende Rolle. Deren Produktion allerdings litt erheblich unter einem beständigen Blechmangel, sodass zu keinem Zeitpunkt so viele Roller hergestellt werden konnten, wie nachgefragt wurden.

Vom Blechmangel betroffen war auch der

Einer der ganz seltenen Einblicke in die Rollerproduktion in Ludwigsfelde. Hier die Fertigung des Pitty 1955.

So wie auf diesem Werbefoto vom März 1955 sah der Pitty dann tatsächlich aus und konnte bald käuflich erworben werden.

seit Juni 1958 in Produktion befindliche Simson-Kleinroller »KR 50«: Für seine üppige Verkleidung stand nie genügend Material zur Verfügung, was den Kaufinteressenten dieses Schwalbe-Vorläufers monatelange Geduld abverlangte. Für 1150 Mark erhielt man schließlich ein unkonventionelles Zweirad, das vor Schmutz und Nässe schützte und mit guten Fahrleistungen aufwartete. Und schnell zum Liebling der Frauen wurde. Der Nachfolger des KR 50, die legendäre »Schwalbe« (KR 51), begründete dann zu Beginn des Jahres 1964 die zweite Simson-Kleinkraftrad-Generation, die berühmte »Vogelserie«. Aber da war die klassische Wirtschaftswunder-Zeit – zumindest im Westen – längst schon wieder vorbei.

Typische DDR-Werbung der Ulbricht-Ära. Immerhin mit dem Wiesel als hohes Wohlstandsgut. 1960 galt noch die Devise, den Westen bald wirtschaftlich zu überholen, ein Jahr später wurde die Mauer gebaut.

Wieder war es *Der Deutsche Straßenverkehr*, der die erste Titelseite vom Wiesel brachte. Das Bild stammte allerdings noch von einem Nullserien-Fahrzeug, das noch nicht dem endgültigen Serienroller entsprach.

Schließlich kam der Wiesel auch beim *Illustrierten Motorsport* noch zu Titelehren. Mit der Zuverlässigkeitsfahrt Müncheberg-Rüdersdorf.

In vielen Belangen – sicher nicht in der Motorleistung – konnte der Wiesel in der zweiten Hälfte der fünfziger Jahre mit den Großrollern westlicher Herkunft mithalten.

»SR 56« war die interne Typenbezeichnung des Wiesel, wobei SR für Stadtroller stand. Der Verkaufsprospekt machte das Einsatzgebiet in seiner Bebilderung deutlich.

Mit dem Wiesel präsentierte die märkische Firma schon ein Jahr nach der Einführung des Pitty einen etwas schlankeren Roller, der dem nun ein halbes PS stärkeren RT-Motor etwas weniger zu schaffen machte.

Der Berlin-Roller in Luxus-Ausführung mit Zierstäben am vorderen Kotflügel.

Prospekttitel des SR 59 »Berlin« mit dem Brandenburger Tor im Hintergrund.

Ein zweifarbiges Berlin-Gespann mit Campi-Anhänger in prächtigem Zustand; da schaut man über die nicht unbedingt zeitgemäße Fahrerkluft schon mal hinweg.

Der Berlin-Roller in seiner endgültigen Ausführung und der sehr verbreiteten Zweifarben-Lackierung. Anfänglich gab es serienmäßig nur einfarbige Modelle.

Die Roller-Werbefotos in der DDR unterschieden sich überhaupt nicht von denen in Westdeutschland.

Im Mittelpunkt der technischen Weiterentwicklung beim Berlin-Roller stand der von MZ gelieferte 150-ccm-Motor mit Vierganggetriebe.

1961 erschien ein überarbeiteter Verkaufsprospekt für den Motorroller Berlin. Nicht zuletzt steigende Exportzahlen und der längere Produktionszeitraum gegenüber den bisherigen Rollern hatten dies notwendig gemacht.

Wie in allen Rollerwerbungen seit Jahrzehnten üblich, war die Damenwelt auch bei den Ludwigsfelder Fahrzeugen sehr dominant. Anders als bei der MZ oder AWO musste hier der männliche Begleiter schon mal mit dem Soziussitz zufrieden sein.

Gegenüber Wiesel und Berlin hatten sich beim Troll doch einige wesentliche Konstruktionsmerkmale geändert. Das war unter anderem der Verwendung vieler MZ-Teile geschuldet.

Auf der Leipziger Frühjahrsmesse 1963 wurde kräftig die Werbetrommel für die IWL-Roller gerührt. Das war auch nötig, denn der neue Roller war beim Publikum noch längst nicht so beliebt wie sein Vorgänger.

Schon ab Mitte 1963 erschienen mehrere mittelformatige Einblatt-Prospekte, um den rückläufigen Verkaufszahlen entgegenzuwirken.

1964 wurde noch einmal ein neuer Troll-Prospekt erstellt und mit »scharfen« Waffen auf die Interessenten geschossen.

Und immer wieder lockt das Weib: Motorroller und Frauen waren auch in der DDR-Werbung nicht voneinander zu trennen. Beim Troll hatten es die Damen auf Grund der Sitzhöhe allerdings schwer, die Füße auf den Boden zu kriegen.

Roller-Gespanne mit dem Campi sind heute richtig kultig. Der Campi war nur für die Ludwigsfelder Roller zugelassen.

Für die Technik waren auch in der Rollerwerbung immer noch die Männer zuständig.

Der Troll verkaufte sich schlecht, und es dauerte schließlich bis weit ins Jahr 1965 hinein, ehe die letzten Exemplare verkauft waren.

Leichtes Schuhwerk, kurze Socken – dafür waren Motorroller schon vor 50 Jahren gedacht. Spritz- und Schmutzschutz waren wesentliche Argumente für diese Fahrzeuggattung.

Speziell für die skandinavischen Exportmärkte, wo ein Troll ein eher unfreundliches Fabelwesen war, wurde mit »Berlin S« eine andere Bezeichnung gefunden, die an den beliebteren Vorgänger erinnerte.

Die IWL-Roller sind heute nicht nur in Ostdeutschland zu kultigen Oldtimern geworden.

Das Mekka der IWL-Freunde ist natürlich die Stadt Ludwigsfelde und hier speziell der Bahnhof, in dem auch das Stadt- und Technikmuseum untergebracht ist.

Die üppige Blechverkleidung des KR 50 und dessen Nachfolgers war der Hauptgrund dafür, dass die Roller-Nachfrage in der an chronischem Blechmangel leidenden DDR nie befriedigt werden konnte.

Der Simson-Kleinroller KR 50 hatte angeblich einen weiblichen Charakter, der durch entsprechende Werbeaufnahmen noch verstärkt werden sollte. Dennoch war die Käuferschicht eher gemischt.

Trotz aller Werbesprüche war es zweifellos von Nachteil, dass man die Freundin wegen des fehlenden Soziussitzes nicht mitnehmen konnte.

Im Laufe seiner Produktionszeit erfuhr der Roller ständige Weiterentwicklungen, die schon auf den Nachfolger hindeuteten.

Gut restaurierte Simson KR 50 sind heute eher selten zu sehen. Am beliebtesten sind auch hier die zweifarbigen Modelle.

Für den einsitzigen Mokick-Roller gab es kaum Vorbilder in der westlichen Welt. In der DDR erwies sich das spritzwasser- und wettergeschützte Fahrzeug als idealer Ersatz für die meist noch lange autolosen Bürger.

Ein Simson KR 50 in der zweiten Ausführung mit geändertem Lenker ab 1962.

Die »Schwalbe« war nicht nur das erste Modell der berühmten »Vogelserie« mit einem bei Simson gebauten Motor, sondern auch die erste Suhler 50er, die eine Doppelsitzbank besaß. Mit dem zwangsgekühlten 3,4-PS-Motor durfte das Modell KR 51 offiziell 60 km/h schnell sein.

Und noch ein Simson KR 50 in der zweiten Ausführung mit größerem Rücklicht.

Meine Welt

DIE NR.1 IN EUROPA
MOTORRAD
WWW.MOTORRADONLINE.DE
Yamaha YZF-R1
Honda Fireblade
Suzuki GSX-R 1000
MV Agusta F4 1078 RR
Kawasaki ZX-10R
1000er-SUPERSPORTLER Vergleichstest
WIRKLICH BESSER
Brand-aktuell: MZ doch gerettet?
TOURENSTIEFEL Was gibt's für 100 Euro?
DOLOMITENREISE Reich an Highlights
BESSERE VORSÄTZE 10 Dinge, die Sie 2009 tun sollten
Stuttgart – Rom und retour
Härtetest BMW K 1300 GT
Deutschland 3,80 €
VERGLEICH MITTELKLASSE-NAKEDS
Triumph Street Triple R
Honda Hornet 600